优秀技术工人
百工百法丛书

刘更生工作法

京作硬木家具制作水磨、烫蜡技艺

中华全国总工会 组织编写

刘更生 著

中国工人出版社

匠心筑梦 技能报国

技术工人队伍是支撑中国制造、中国创造的重要力量。我国工人阶级和广大劳动群众要大力弘扬劳模精神、劳动精神、工匠精神，适应当今世界科技革命和产业变革的需要，勤学苦练、深入钻研，勇于创新、敢为人先，不断提高技术技能水平，为推动高质量发展、实施制造强国战略、全面建设社会主义现代化国家贡献智慧和力量。

——习近平致首届大国工匠创新交流大会的贺信

序

党的二十大擘画了全面建设社会主义现代化国家、全面推进中华民族伟大复兴的宏伟蓝图。要把宏伟蓝图变成美好现实，根本上要靠包括工人阶级在内的全体人民的劳动、创造、奉献，高质量发展更离不开一支高素质的技术工人队伍。

党中央高度重视弘扬工匠精神和培养大国工匠。习近平总书记专门致信祝贺首届大国工匠创新交流大会，特别强调“技术工人队伍是支撑中国制造、中国创造的重要力量”，要求工人阶级和广大劳动群众要“适应当今世界科技革命和产业变革的需要，勤学苦练、深入钻研，勇于创新、敢为人先，不断提高技术技能水平”。这些亲切关怀和殷殷厚望，激励鼓舞着亿万职工群众弘扬劳模精神、劳动精神、工匠精神，奋进新征程、建功新时代。

近年来，全国各级工会认真学习贯彻习近平总书记关于工人阶级和工会工作的重要论述，特别是关于产业工人队伍建设改革的重要指示和致首届大国工匠创新交流大会贺信的精神，进一步加大工匠技能人才的培养选树力度，叫响做实大国工匠品牌，不断提高广大职工的技术技能水平。以大国工匠为代表的一大批杰出技术工人，聚焦重大战略、重大工程、重大项目、重点产业，通过生产实践和技术创新活动，总结出先进的技能技法，产生了巨大的经济效益和社会效益。

深化群众性技术创新活动，开展先进操作法总结、命名和推广，是《新时期产业工人队伍建设改革方案》的主要举措之一。落实全国总工会党组书记处的指示和要求，中国工人出版社和各全国产业工会、地方工会合作，精心推出“优秀技术工人百工百法丛书”，在全国范围内总结 100 种以工匠命名的解决生产一线现场问题的先进工作法，同时运用现代信息技术手段，同步生产视频课程、线上题库、工匠专区、元宇宙工匠创新工作室等数字知识产品。这是尊重技术工人首创精神的重要体现，是工会提高职工技能素质和创新能力的有力做法，必将带动各级工会先进操作法总结、命名和推广工作形成热潮。

此次入选“优秀技术工人百工百法丛书”作者群体的工匠人才，都是全国各行各业的杰出技术工人代表。他们总结自己的技能、技法和创新方法，著书立说、宣传推广，能让更多人看到技术工人创造的经济社会价值，带动更多产业工人积极提高自身技术技能水平，更好地助力高质量发展。中小微企业对工匠人才的孵化培育能力要弱于大型企业，对技术技能的渴求更为迫切。优秀技术工人工作法的出版，以及相关数字衍生知识服务产品的推广，将为中小微企业的技术进步与快速发展起到推动作用。

当前，产业转型正日趋加快，广大职工对于技能水平提升的需求日益迫切。为职工群众创造更多学习最新技术技能的机会和条件，传播普及高效解决生产一线现场问题的工法、技法和创新方法，充分发挥工匠人才的“传帮带”作用，工会组织责无旁贷。希望各地工会能够总结命名推广更多大国工匠和优秀技术工人的先进工作法，培养更多适应经济结构优化和产业转型升级需求的高技能人才，为加快建设一支知识型、技术型、创新型劳动者大军发挥重要作用。

中华全国总工会兼职副主席、大国工匠

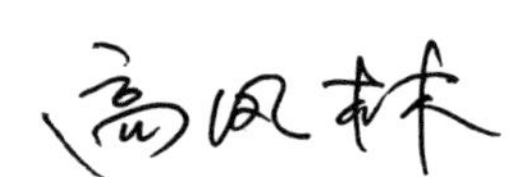

优秀技术工人百工百法丛书

机械冶金建材卷

编委会

作者简介
About The Author

刘更生

1964 年出生，中国非物质文化遗产京作硬木家具制作技艺代表性传承人，北京市一级工艺美术大师，现任北京金隅天坛家具股份有限公司龙顺成公司副经理、工艺总监，“刘更生创新工作室”领衔人。

曾获“2021 年大国工匠年度人物”“全国五一劳动奖章”“轻工大国工匠”“北京市劳动模范”“北京大工匠”等荣誉和称号。

刘更生从事“京作”硬木家具制作与古旧家具修复已近40年，多次参与重要文物的大修与复制。2013年，故宫博物院启动“平安故宫”工程，刘更生带队成功修复故宫养心殿内的无量寿佛宝塔，以及紫檀镜框在内的数十件木器文物，复刻了故宫博物院金丝楠鸾凤顶箱柜、金丝楠雕龙朝服大柜，使经典再现。2016年，成立“刘更生创新工作室”，带领团队研究和完成名贵木材曲线拼接技法、异型部件模具的制作及应用、传统家具表面处理工艺技法等多个创新项目。多次承担国家重点工程任务，参与了亚太经合组织（APEC）峰会场馆家具设计制作、新中国成立70周年天安门修葺工程、2022年冬奥会和冬残奥会场馆家具设计制作等多项国家重点工程。他设计的“APEC系列托泥圈椅”荣获世界手工艺产业博览会“国匠杯”银奖，为京作硬木家具制作技艺、民族文化的传承和发扬作出了积极贡献。

坚守百年木作初心
心在一艺莫艺必工

刘更生

目　录
Contents

引　言
Introduction

水磨、烫蜡是指京作硬木家具制作表面处理工艺的两道工序。水磨在烫蜡之前，是烫蜡的基础。水磨后的家具表面光滑程度决定了烫蜡的最终表面处理效果。烫蜡其实是一种防腐技术，通常用于中国传统建筑、家具、青铜器、纸张、木雕等器物的表面处理。根据现有的史料记载，烫蜡技术早在商周时期便应用于青铜器的表面处理。例如，容庚所著《商周彝器通考》中记载："乾嘉以前出土之器，磨砻光泽，外敷以蜡。"又如，南朝刘义庆所著《世说新语 · 雅量》中记述："祖士少好财，阮遥集好屐……或有诣阮，见自吹火蜡屐，因叹曰：‘未知一生当箸几量屐？’神色闲畅。于是胜负始分。”其中，“见自吹火蜡屐”的意思是“看见他自己生火，给鞋子上蜡”。由此可见，在南朝时期，烫蜡技术已用于木屐的表面处理。在建筑、家具制作的应用方面，明清时期，烫蜡技术已被广泛用于木材表面的防腐处理。烫蜡技术能很好地保留木材优美的天然纹理，而且能在家具表面形成一层保护膜，有效避免家具因木材的干缩湿胀而产生翘曲变形，防止外界环境对家具造成侵蚀，因此特别适用于在我国北方地区进行家具表面处理，其得以沿用至今。

本文在整理水磨、烫蜡技术工艺原则的基础上，将从水磨和烫蜡两个部分，结合具体实例，逐一介绍每一道工序的制作工具、所用材料、操作技巧以及质量检验标准。

第一讲

基材处理

基材处理是指对家具进行烫蜡前的准备工作，包括刮光、干磨、水磨、找色四道工序，北京匠师通常将其统称为水磨。基材处理是京作硬木家具制作过程中十分重要的一环，经过基材处理后的家具表面光滑程度决定了烫蜡的最终饰面效果。

一、刮光

刮光是京作硬木家具制作过程中较为关键的一步，是指在给家具烫蜡之前，将家具部件表面整平磨光的过程，即基材处理的第一步。

1. 刮光工具

刮光工具主要有刮刀片、耪刨（蜈蚣刨）、马牙锉和锉。刮刀片又分为平刀（如图 1 所示）和异型刮刀两种，操作时先用镇刀将刮刀片的刃部镇出飞刃（必要时），靠飞刃刮光家具部件表面。平刀一般由 1.5mm 厚的钢片制成。耪刨（如图 2 所示）用于家具部件表面刮光，适用于较硬、易出碴儿的木料表面刮光，操作时先用镇刀将耪刨的排齿刃部镇出飞刃（必要时）。马牙锉（如图 3 所示）的用途同耪刨，是用铁锻打而成，其齿密。加工直线线脚根部一般用耪刨和马牙锉，加工曲线和花活根部一般用异型刮刀。锉，按锉面粗糙程度可分为粗锉和光锉，按形状可分为圆头锉和尖头锉，主要用于家具部件刮光前的表面处理。

图 1　刮刀片（平刀）

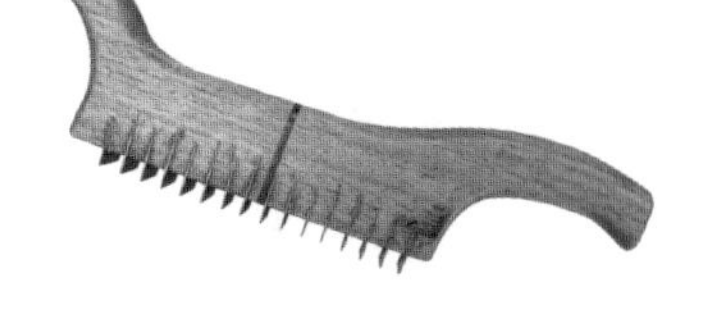

图 2　耪刨（蜈蚣刨）

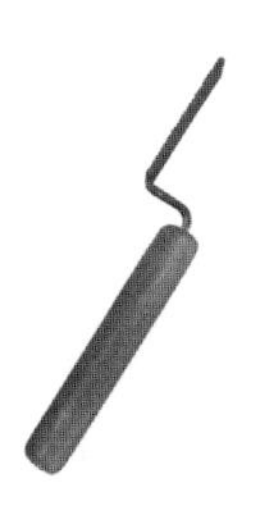

图 3　马牙锉

2. 刮光操作原则

刮光前应注意先观察，根据家具不同部件和部位选取合适的刮光工具。刮光时要顺应木材纹理，不可戗碴儿刮光，同时刮光的力度和手法要适应部件弧度，确保部件内外处理一致，遵循不重不漏的原则。对特殊造型家具部件进行刮光时，应注意避免走形，不可破坏部件的原有形状。例如，不能将圆面刮平。刮光动作如图 4 所示。

图 4　刮光动作

3. 刮光工艺检验标准

刮光工艺检验标准如下：家具整体光滑平整、无锉印、无砂痕；家具表面不能有硬棱；家具及各部件不能有嘟噜状（指连续起伏不平的情况）或者欠（指刮光时刮得过头或者操作不当形成的表面坑洼）；家具平面平整、无凹凸、无波浪；斜边、直角、直边等平直无缺损、无凹凸；弧形面、转角、圆角各处均匀、协调一致、圆滑无缺损；各类线型（包括阳线、阴线、皮条线、倭角线、眼珠线等）的线条粗细均匀、深浅一致。

二、干磨

1. 干磨工艺原理

干磨是刮光和水磨中间的一个环节，其目的是对刮光后的家具表面做一遍预处理，进一步减少刮光后家具表面残留的木材毛刺，避免水磨时因家具表面过度吸水而导致的凹凸不平现象。

2. 干磨工具

干磨的工具有砂纸（180#）和方木块。方木块用于家具平面的辅助打磨。砂纸如下页图 5 所示。

图 5 砂纸

3. 干磨操作原则

同刮光一样，干磨时也应注意家具部件的造型特征和木材的纹理走向，需顺应木材纹理和弧度，而且要用力均匀，保证家具内外面都被磨到，不重不漏。注意，不可进行横纹打磨，尤其在花活处要注意打磨的力度适中，避免花活漏磨或变形。干磨方法如下页图 6、图 7 所示。

4. 干磨工艺检验标准

干磨工艺的检验标准为家具整体光滑平整，表面无划痕、无漏磨。

图 6　干磨方法一

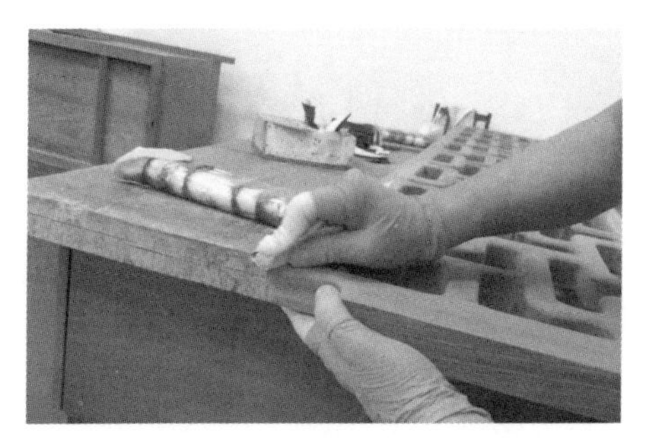

图 7　干磨方法二

三、水磨

水磨为基材处理最关键的一道工序，不仅不同木材对水磨要求不一，而且同种木材不同部位的水磨工具也有差别。例如，虽同为硬木，紫檀木、黄花梨木对于水磨质量的要求远高于花梨木和酸枝木。据史料记载，在清代建筑装饰中，对不同木材的水磨工序已有区分。例如："楠柏木凹面夔龙结子梭花岔角，每个用木匠二分五厘工，雕匠一工，水磨烫蜡匠半工，镶嵌匠二分五厘工，三处例同。万寿山例上注有鱼胶一钱。""紫檀花梨木铁梨木凹面夔龙结子梭花岔角，每个用木匠半工，雕匠二工，水磨烫蜡匠一工二分五厘，镶嵌匠二分五厘工，三处例同。圆明园例上又注每个厚五分。"从中可知，同为凹面夔龙结子梭花岔角，紫檀木、花梨木（此处指黄花梨木）的水磨做法所用工时是楠柏木所用工时的两倍还多。值得一提的是，制作同一件家具时，水磨所用工时要高于其他工序。

1. 水磨工具

水磨的工具主要有砂纸和锉草。水磨所用砂纸从 240# 到 5000# 不等，需根据不同木材决定打磨次数。锉草，又被称为节节草，多年生直立草本植物，高 0.5~2m，因其可以锉掉木头上的毛刺，又被称为木贼草。其茎中空有节，节间长 2~6cm，表面有纵棱、粗糙，叶退化而抱茎，呈鳞状，喜生于河滩、溪边等潮湿处，可入药。《本草纲目》记载木贼草作："此草有节，而糙涩，治木骨者，用之磋擦则光净，犹云木之贼也。"其主要用于硬木家具雕刻部件和不规则形部件的水磨处理。锉草如图 8 所示。

图 8　锉草

2. 水磨操作流程及原则

（1）水磨的第一步是准备 70℃左右的温水，然后用棉丝蘸取温水，将家具表面均匀浸湿，之后静置约 10 分钟，让家具表面的毛刺充分吸水膨胀。接下来，用不同目数的砂纸依次进行水磨，直至家具或部件表面出现大量水沫，并被打磨得光滑、平整。例如，花梨木和酸枝木要用240#、320#、400#、600#、1000#砂纸依次打磨；紫檀木和黄花梨木要用240#、320#、400#、600#、1000#、1500#、2000#、2500#、3000#、3500#、4000#砂纸依次打磨，再用5000#砂纸进行干磨。用每种砂纸水磨时，都应磨到位，保证表面无划痕、无漏磨。砂纸水磨方法如图9所示。

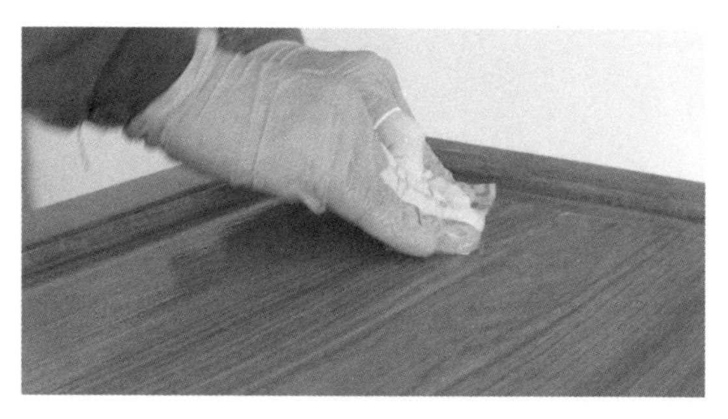

图9　砂纸水磨方法

（2）对家具雕刻部件和不规则形部件进行水磨则需要用到锉草。首先将锉草用100℃左右的热水冲烫均匀，再用毛巾包裹住锉草，利用热气将锉草蒸软，以保持锉草的湿润度和韧性。使用锉草的棱进行打磨，根据花活内容不同而方法各异，一般要保证顺纹打磨，同时要根据花活纹样和造型调整打磨方式。锉草的棱被磨平之后，应及时更换锉草。磨完花活之后，将锉草扎成把，对家具部件表面整体顺势打磨一遍，提升其整体光滑度。用锉草打磨的原理是通过在家具部件表面的往复运动，使锉草表皮的毛刺与家具部件表面竖起的木毛之间相互摩擦，从而使家具部件表面达到光滑如玉的效果。锉草水磨方法如图 10 所示。

图 10　锉草水磨方法

本着先难后易、先低后高的磨法，整体打磨结束后，需要将家具部件表面的木屑和残留灰尘清理干净。尤其是花活部位，如果未清理干净就烫蜡，家具表层会出现白气泡，严重影响美观性。一般在清理的同时，也要对家具部件表面的水磨效果进行检查。一是检验家具表面各处的水磨效果是否一致；二是检查是否有漏磨之处。俗话说："一凿、二刻、七打磨。"若是对顶箱柜、罗汉床等大件家具进行水磨，少则几天，多则几十天，水磨时难免会有遗漏之处，所以检查就十分重要。检查的方法通常是匠师用手触摸、凭经验感知。首先是检验平面和对称部件水磨光滑程度的均一性；其次是从整体到局部，逐一检查框架材的打磨程度；再次是检查部件与部件连接处水磨效果的连续性；最后是检查花活根部是否光滑利落，以保证整体水磨效果的统一。

3. 水磨操作案例

以素圈椅的水磨效果检验为例。

（1）在完成素圈椅各部件的表面清理后，先确定素圈椅座面、靠背两个大面的水磨效果。

（2）确定椅圈的水磨效果，确定前后左右四条椅腿、前后左右四个壶门券口、左右联邦棍等对称部件水磨光滑程度的均一性。

（3）确定腿足、椅圈、脚踏枨等部件连接处水磨效果的连续性。

（4）确定牙条、券口、联邦棍等连接处与其他部件水磨效果的统一性。

水磨工艺虽然费时费工，但有着非常好的打磨效果。经水磨后的家具表面，尤以紫檀木效果最好，触之光润如玉，再稍微烫蜡即可。

4. 水磨工艺检验标准

整体水磨标准：水磨后，木材表面光滑，花活根底利落，线条流畅、光滑、均匀，且无锉印、无砂痕、无毛刺、无嘟噜状。保持花活神态，避免蹭秃。

花活水磨标准：保持花形完整、对称一致。线条均匀流畅，不走形。特殊部位原有棱角必须保留，比如云纹、麒麟鳞片、凤鸟翎毛等。

四、找色

1. 找色目的

找色是指对水磨后的木材表面进行色差找平或涂色处理，其目的主要是统一家具的整体色调，尤其是对成套定制的家具。另外，也存在给低档木材找色，以仿制高档木材的情况。找色这一工序出现得相对较晚。明清时期制作并使用硬木家具的多为官宦、富贵之家，且彼时木材资源丰富，材质优良，所用木材的径级都比较大，多为一木一器，做出来的家具色泽统一，一般不需要对表面进行找色处理。到了清朝末期，硬木资源总量急剧下降，材种良莠不齐，才有了对基材找色处理的必要。

2. 找色工具

目前，找色的工具主要有棕刷、染料盆、砂纸，所用材料有染料、虫胶漆片、酒精。染料有黄钠粉、黑钠粉、直接黑和色精。虫胶漆片是由虫胶原胶经过热熔或溶剂溶解除去杂质后得到的，是一种生物制品，常用在家具上和室内涂料方面，具有无污染、无刺激性气味、无毒、不会对皮肤造成过敏症状的优点。虫胶漆片的作用是防止染料脱色。

3. 找色操作流程

经过水磨后的家具需要晾干，才能进行找色处理。以统一色调为目的的找色处理，因木材不同而材料各异。例如，给紫檀木家具找色时，可直接用油色。所谓油色，是指将红、黑、黄三种色精混合，然后用虫胶漆片溶解色精混合液，混合后的溶液被称为油色。用油色找色时，直接在家具表面均匀涂抹即可。花梨木和酸枝木则用水色找色。用于花梨木找色的染料为黄钠粉和黑钠粉，用于酸枝木找色的染料为黑钠粉和直接黑。染料配好后，用开水溶解。根据木材深浅的要求，用沾有染料的棕刷均匀涂抹，使家具整体颜色基本一致。着色后，首先用 600# 以上的砂纸将涂色部位打磨光滑，直至表面无颗粒感；然后将虫胶漆片和食用酒精按照一定比例配制成溶液，均匀涂抹在着色部位，其目的是用虫胶漆片封闭着色部位，防止脱色；最后用 600# 以上的砂纸再次打磨。

4. 找色工艺检验标准

找色处理后，同一批次产品的颜色要均匀一致。整件产品或成套产品颜色要相近、无明显色差，且不能出现漏刷、掉色等问题。

第二讲

调蜡与熔蜡

一、调蜡

调蜡是根据季节的不同，按一定的配比将蜂蜡、川蜡和石蜡进行混合并熔化形成一种混合蜡的过程。混合蜡使用较晚，在圆明园、清宫廷内廷、万寿山三处硬木装修的文献资料《活计档》中，关于烫蜡工艺的记载只提到用黄蜡（蜂蜡）。例如，“烫蜡折见方尺每一尺用黄蜡五钱，白布二分，黑炭五两，三处例同。如擦核桃油用桃仁五钱。如擦松油用松仁一钱五分。以上各用锉草七分五厘，白布二分。三处例同。内庭（编者注：应为‘廷’）例，每一尺用锉草二分五厘，圆明园、万寿山例，每一尺用锉草七分五厘”。又如，《扬州画舫录》卷十七中记载：“烫蜡物料，用黄蜡、锉草、白布、黑炭、桃仁、松仁有差。”目前，为了适应现代化生产加工节奏，在生产过程中，烫蜡多用混合蜡。

1. 调蜡材料

调蜡材料主要有蜂蜡、川蜡和石蜡，不同原材料在烫蜡时起不同作用。

（1）蜂蜡，又被称为蜜蜡，是由蜜蜂（工蜂）腹部四对蜡腺分泌出来的蜡，在常温下呈固体状态，具有特殊香味，其断面呈微小颗粒的结晶状；咀嚼黏牙，嚼后呈白色，无油脂味。其颜色根据产地和纯度不同而有所差异，有淡黄色、中黄色、暗棕色及白色等，熔点为 62~67℃。其主要化学成分有酯类、游离酸类、游离醇类和烃类四大类，此外还含微量的挥发油及色素。这些化学成分使蜂蜡具有很好的可塑性、润滑性，使其黏度大、柔性高、防染力强，尤其是蜂蜡所含酯类中的软脂酸蜂花酯和芳香性有色物质（虫蜡素、挥发油）对木材纤维有紧固作用，对木材有养护、润泽的作用，并决定着混合蜡膜与木材管孔内壁和表面的附着力，以及混合蜡膜的柔性。蜂蜡如下页图 11 所示。

（2）川蜡，又被称为虫蜡，属于生物蜡，是白蜡虫分泌在所寄生的女贞树或白蜡树枝上的蜡质。其为白色或微黄色固体，表面光滑有光泽，无明显杂质，质硬而脆，断面呈马牙状，有蜡香气味，熔

图 11　蜂蜡

点为 80~85℃，较蜂蜡、石蜡等蜡类高。其主要化学成分是大分子量的酯类和酸类，其中醇类有廿六醇、廿七醇、廿八醇等；酸类有廿六酸、廿七酸、廿八酸、卅酸以及少量的棕榈酸、硬脂酸。这些化学成分使川蜡具有强度高、熔点高、流动性好、有光泽等优良特性，并决定着混合蜡膜的硬度及光泽效果。川蜡如图 12 所示。

图 12　川蜡

（3）石蜡，又被称为晶型蜡，通常是白色、无味的蜡状固体，是从石油、页岩油或其他沥青矿物油的某些馏出物中提取的一种烃类混合物，熔点为47~64℃。其主要成分是固体烷烃。石蜡分食品级和工业级。食品级的石蜡无毒，工业级的石蜡不可食用。烫蜡所用石蜡为食品级的。石蜡如图 13 所示。

图 13　石蜡

2. 调蜡比例

蜂蜡、川蜡和石蜡这三种物质本身性质的差异决定了三者需要搭配使用，以产生更优良的烫蜡效果。经过多年实践和总结，混合蜡的用量比例需要根据季节和气候的变化进行调整。例如，我国北方的冬季温度低，蜡膜凝固较快，因此混合蜡的蜡膜就要稍软一些，更利于蜡液渗透到木材管孔中，此时，蜂蜡、川蜡、石蜡的用量比例为 5 : 1 : 1 左右；夏季温度高，蜡膜凝固较慢，因此混合蜡的蜡膜就要稍硬一些，更利于烫蜡、起蜡，此时，蜂蜡、川蜡、石蜡的用量比例为 5 : 1 : 2 左右。调蜡方法如图 14 所示。

图 14 调蜡方法

根据季节调整混合蜡的比例，主要是为了适应木材干缩湿胀的特性。混合蜡液在高温条件下渗透到木材管孔中，冷却凝固后堵塞管孔，在一定程度上减少了木材因外界环境变化而引起的形变。但蜡膜并不会使木材失去活性，烫蜡后的家具仍具有干缩湿胀的特性。我国大部分地区冬季温度低、气候干燥，导致木材管孔失水收缩，原本渗透进管孔中的蜡液会有一部分被挤出。因此，在冬季，混合蜡比例中决定蜡膜黏度的蜂蜡应多一些。夏季气候温热、空气湿度大，导致木材管孔吸水扩张，这时被挤出的蜡液又会重新渗入管孔中，使得家具变形。为了避免这种现象发生，在调蜡液时一般会适当加大石蜡或川蜡的含量，以提高蜡膜的硬度。

总之，混合蜡液具备一定的疏水性、渗透性、附着性和透明度。这些优良性能使烫蜡工艺在保留木材纹理美感的同时，也在其表面形成了保护膜，在家具制成初期，使其表面与外界环境相隔绝，在一定程度上降低了木材管孔吸水、失水的能力，减少了家具部件因季节气候变化而产生的干缩湿胀所导致的翘曲变形，有效延长了家具的使用寿命。

二、熔蜡

熔蜡是指将按比例配好的混合蜡固体加热熔化

至液态。目前，大部分企业所用熔蜡工具为电磁炉，以保证蜡液始终处于恒温状态，便于后续布蜡工序操作。熔蜡如图 15 所示。

图 15　熔蜡

第三讲

布蜡与烫蜡

一、布蜡

布蜡也被称为点蜡，是指根据家具的型面特征及烫蜡面积的大小，用棕刷蘸取适当的蜡液，以点触的方式将其分布到家具表面。

1. 布蜡工具

布蜡的工具比较简单，只需一把棕刷即可，用于蜡液的点蘸。棕刷如图 16 所示。

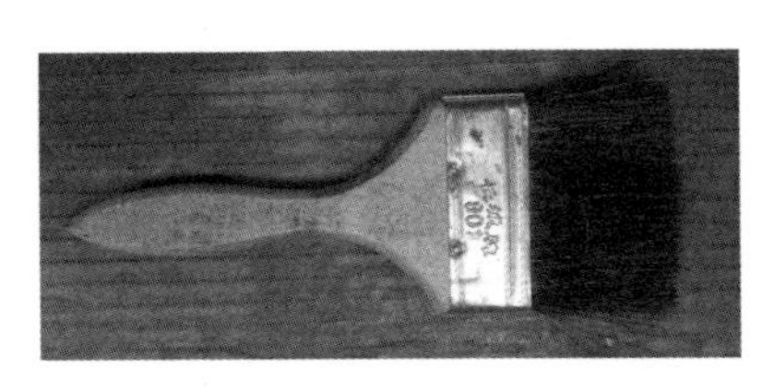

图 16 棕刷

2. 布蜡操作原则

根据多年经验总结，布蜡的操作原则主要体现在家具型面分析和蜡量控制两个方面。布蜡时，需要根据家具表面的形状来决定蜡量的多少，尤其是花活部位。如果花活部位蜡量过多，会增加后期起蜡抛光的工作量，而且起蜡时极易将已经渗透到管孔中的蜡带出。相反，如果蜡量过少，则会导致烫蜡产生的蜡膜无法完整覆盖家具表面，严重影响烫蜡效果。因此，布蜡时，需要对家具型面进行分析，进而控制蜡量。

（1）型面分析。型面分析是指对于需要布蜡的家具的造型特征和部件的型面特征进行分析，掌握其从上到下、由内到外的型面变化规律，从而进一步控制蜡量，为烫蜡作铺垫。蜡量控制一般遵循曲面型材大于平面型材的原则，若有花活，则视花活复杂程度而定。这里涉及曲面型材与平面型材之间面积转换的问题，主要是为了更精确地计算出单件家具产品的用蜡量。不过优秀的烫蜡匠师往往能根据经验判断，因为他们在无数次操作中已经形成了经验，对于不同类型的家具、不同部件的型面，在布蜡时需要多少蜡才可以刚好覆盖家具表面早已胸有成竹。此外，还需要注意木材纹理变化，因为木材纹理的走向也体现了木材管孔的排列规律。布蜡时，如果熟悉其变化规律，可以在烫蜡时更直接有效地让蜡液渗入木材管孔中。

（2）蜡量控制。这里所说的蜡量是指烫蜡过程中渗透到木材管孔中的混合蜡量，蜡量的多少直接影响木材表面与蜡膜的结合程度，以及最终的烫蜡饰面效果，而蜡量的多少则需要在布蜡时进行控制。蜡与木材之间的作用机理主要表现为起霜机理和滚珠轴承机理。起霜机理是指混合蜡液中的蜡颗粒，经烫蜡冷却后，发生重结晶，形成薄而连续的蜡膜。一般情况下，蜡越软（熔点越低），起霜机理就越明显。滚珠轴承机理主要是指固体蜡颗粒会单独迁移或凸出到木材表面，像漂浮在水面上的乒乓球一样略微凸出在涂层表面，充当物理间隔物，从而减少木材与另一个表面的紧密接触度。通常高硬度、高熔点的蜡更容易产生滚珠轴承机理。通俗来讲，以上两种机理影响着蜡膜的光泽度和粗糙度。布蜡方法如下页图 17 所示。

综上所述，在混合蜡比例确定的情况下，通过调节蜡量，可以控制起霜机理和滚珠轴承机理的反

图 17　布蜡方法

应程度，进而控制木材表面蜡膜的饰面效果。也就是说，布蜡时，要尽量控制蜡量，对于要烫蜡的木材表面来说，能够将木材管孔封闭住即可，不宜过多或过少。如果蜡量过多，会导致烫蜡后的木材表面余蜡、浮蜡过多，影响起蜡和抖蜡工序的效率。尤其是对于带有花活的部位，如果蜡量过多，会导致起霜机理明显，蜡膜厚腻、暗淡无光。如果蜡量过少，蜡液就不能完全封闭木材表面的管孔，或由于滚珠轴承机理而无法形成均匀光滑的蜡膜。因此，在实际生产过程中，需要根据所需烫蜡家具的体量控制蜡量，从而保证木材表面的烫蜡效果。

3. 布蜡工艺检验标准

布蜡时，要保证家具表面整体布蜡均匀，花活处布蜡量适当减少，避免过多。

二、烫蜡

烫蜡是指用热风枪将布蜡时点在家具表面的混合蜡加热熔化，再用棕刷将混合蜡液在家具表面均匀涂刷，使其渗透到木材管孔中。

1. 烫蜡工具

烫蜡所用工具为热风枪和棕刷。热风枪主要由气泵、线性电路板、气流稳定器、外壳、手柄等组成。其工作原理是利用枪芯的发热电阻丝吹出热风，加热木材表面的混合蜡，使其熔化。棕刷则用于将熔化的蜡液均匀涂刷。烫蜡所用热风枪如图 18 所示。

图 18　烫蜡所用热风枪

2. 烫蜡操作原则

烫蜡时，需要注意烫蜡时长和烫蜡原则，即热风枪的加热时长和烫蜡的先后顺序。

（1）烫蜡时长的控制直接影响家具最终饰面效果。如果烫蜡时长过长，很容易将混合蜡液少的木材表面烫伤，混合蜡液多的部位的蜡液容易发黄、发黏，影响最终饰面效果。如果烫蜡时长过短，导致熔化的蜡液进入木材管孔的深度不够，会影响木材表面蜡膜的持久性。手艺高超的烫蜡匠师对于烫蜡时长的把握恰到好处，使得蜡膜均匀温润、透明性好，能很好地展现出木材的天然纹理，增强家具的视觉美感。

在实际操作过程中，控制烫蜡时长时，需要考虑的因素还有很多。例如，不同树种的木材在理化性质上存在一定差异，如大果紫檀木的密度要低于檀香紫檀木，其烫蜡时长较檀香紫檀木可适当缩短；降香黄檀木的颜色较浅且纹理美观，烫蜡时间不宜过长，以避免蜡膜发黄影响饰面效果。即使是同一种木材，也要注意观察其材性，尤其是管孔分布情况。同等条件下，管孔分布疏松的木材的烫蜡时长较短，管孔分布致密的木材的烫蜡时长可适当延长。

如果烫蜡时使用不同的加热工具，也需要调整烫蜡时长。本书介绍的加热工具为热风枪，但在烫蜡工艺的历史上，还使用过炭火、电炉丝、喷灯等加热工具。不同的加热工具的热源不同、控温方式不同，使得加热时木材的受热情况也不同。例如，用最原始的炭火烫蜡时，木材表面所需的升温时间长，但木材内部也在同步升温，蜡液可以渗入木材管孔中。而喷灯为明火，外焰温度较高，可使木材表面急剧升温，相较于炭火，其烫蜡时间大幅缩短，但木材内部并没有得到充分加热。热风枪不产生明火，相较于喷灯更安全，但两者在使用过程中都需要控制好热源与木材表面的距离，避免木材表面被烫伤或产生滚珠轴承机理。

（2）所谓烫蜡原则，其实是指烫蜡的先后顺序，即烫蜡时要遵循由内及外、自上而下、从左到右的大原则，在给不同类型家具烫蜡时，还要具体情况具体分析。

由内及外是指烫蜡时，先从家具内侧开始，内侧烫蜡完成后，再逐步进行外侧的烫蜡。这是由于在给家具内侧烫蜡时，需要将家具倒置或者倾斜摆放，如果先烫外侧再烫内侧，烫内侧时容易将外侧已经烫好的蜡膜破坏。对于不同类型的家具而言，对内侧的界定也各有不同。比较好理解的是柜类家具，其内侧指的是家具闭合情况下的所有内部表面。然而对于桌案、椅凳类家具而言，内侧则主要是指其案面或座面的非使用面。另外，需要注意的是，对所有家具的内侧烫蜡，只需形成较薄的一层蜡膜即可。

自上而下是指烫蜡时，无论内外，都需要按家具结构从上到下逐步进行烫蜡，这主要与人体工程学有关，人体在自上而下运动时的疲劳程度相对较低。

从左到右是指从家具部件的左边到右边依次进行烫蜡，主要目的也是省力，因为大部分烫蜡匠师都习惯左手持热风枪，右手执棕刷，将熔化的蜡液涂刷均匀。烫蜡方法如图 19 所示。

图 19　烫蜡方法

需要注意的是，在遵循以上三个原则的同时，也需顺应木材纹理进行烫蜡，尤其是花活部位，要保证根部和雕刻细节处完全被蜡液覆盖。

3. 烫蜡工艺检验标准

合理的烫蜡工艺要实现烫蜡均匀，避免漏烫，花活部位避免蜡液过厚。

第四讲

起蜡抛光

起蜡抛光指的是待家具表面蜡层凝固后，用蜡起子将多余的蜡起干净，并用棉布卷压蜡，用棉布擦拭抛光，使其达到最佳的视觉效果。其关键技术有四点：一是起蜡时长的控制；二是起蜡技巧的掌握；三是压蜡的操作方法；四是抖蜡的操作方法。

一、起蜡

1. 起蜡概述

起蜡是指用各种起蜡工具将家具表面及花活处残留的蜡层清理干净。这里要明确的是，水磨、烫蜡是对家具进行表面处理，其主要目的一方面是保护基材，有效地将木材与外部环境隔离，防止其干缩湿胀，对木材起到保护作用；另一方面是通过烫蜡展现木材的天然纹理，增强美感。木材表面的蜡层如果过厚，会产生黏腻感，不仅有碍于家具的正常使用，也不利于木材天然纹理的展现。在生产过程中，烫蜡后的家具表面难免有些地方蜡层不均匀，影响家具饰面效果，而且烫蜡也并非封漆，家具表面不需要留有过厚的蜡层。因此，烫蜡完成后，需要及时将表面残留的蜡层清理干净。

2. 起蜡工具

起蜡工具被统称为蜡起子，根据材质不同又分为铲刀、木起子、铁起子和塑料起子等。铲刀多为平口短柄，主要用于家具表面大平面部位的起蜡操作。木起子有窄平口和尖口之分，一般用于花活部位的起蜡操作，木质工具不伤花活，尖口木起子清理花活根部极为方便。铁起子外形与木起子基本一致，因尖口木起子尖部稍钝，无法深入阳线根部进行清理，故尖口铁起子多用于家具线脚部位的起蜡操作。铲刀、平口木起子、尖口铁起子分别如下页图 20、图 21、图 22 所示。

3. 起蜡原则

起蜡工序在整个烫蜡过程中起着承先启后的作用，这一工序的完成度和效果直接影响着家具水磨、烫蜡的最终效果。起蜡时，需要注意两点：一是起蜡时长的控制；二是起蜡技巧的掌握。

图 20　铲刀

图 21　平口木起子

图 22　尖口铁起子

起蜡时长是指木材表面烫蜡完成后到起蜡操作开始，中间所经历的时间间隔。起蜡操作通常在木材表面残留蜡层刚刚凝固后开始进行。因此，起蜡时长也可以理解为残留蜡层凝固的时间。对于起蜡时长的控制，也主要根据残留蜡层凝固程度进行判断。同烫蜡时长一样，对起蜡时长的掌控也会影响家具最终的饰面效果，其时长不宜过长或过短。通常情况下，如果起蜡时长过长，家具表面残留蜡液会因木材温度降低而完全固化，起蜡时蜡层就会呈碎渣状，不成片，不易清理。尤其是花活部位，如残留浮蜡过多，会严重影响后续压蜡、抖蜡的操作效率，也会影响家具表面最终的光泽度和装饰效果。如果起蜡时长太短，家具表面没来得及充分降温，管孔内部的混合蜡液还没有完全固化，此时急于起蜡，很容易将之前渗入木材管孔中的蜡液粘连出来，导致木材管孔中蜡液不足，从而影响木材与外界环境的隔离效果。在蜡层没有完全凝固的情况下起蜡，木材表面还很容易留下铲刀的划痕。然而，由于季节、烫蜡环境、烫蜡工具和混合蜡比例等因素的影响，烫蜡时长并非固定。在实际操作过程中，主要通过蜡层对木材纹理的显现程度、蜡层温度及蜡层软硬程度的触感来判断是否可以进行起蜡操作，这就要求烫蜡匠师根据实践经验去把控具体的烫蜡时长。

所谓起蜡技巧，其实是指烫蜡匠师对工具的使用，其目的是高质量且高效地完成起蜡工作。优秀的匠师在漫长的实践中，逐渐形成了极为科学的技巧，并将这些技巧以口诀的形式总结出来，在业内口口相传。例如，“起蜡技巧有规律，注意刀法和力度。力度适中善巧劲，刀法考究顺木纹。平面构件铲压铲，曲型雕刻依型起”。从中我们可以看出，起蜡技巧的关键在于使用蜡起子时的力度和刀法。尤其在对家具进行大平面起蜡时，力度要适中，同时铲刀与家具表面的角度以不超过 45° 为宜。在烫蜡操作规范的情况下，家具表面的蜡层会很薄，如果铲刀角度过大或起蜡力度过大，都容易划伤木材，影响最终饰面效果。尤其需要注意的是花活部位，起蜡时稍有不慎，就会破坏雕刻效果。口诀后半部分讲的是起蜡的刀法，首先是平面构件（如案面、桌面、柜门、旁板等）的起蜡操作，起蜡过程应顺木材纹理方向，且遵循铲压铲的操作流程，直至铲完所有平面。由于花活（如券口、靠背板等）部位多为装饰纹样，此时需要根据纹样内容选择不同类型的蜡起子，并根据纹样走向用刀，即口诀中所说“曲型雕刻依型起”。

起蜡完成后，需用热风枪将家具表面再整体烘烤一到两遍，目的是使蜡液更深入木材管孔中，同时消除家具表面的蜡起子铲痕。起蜡方法如下两页图 23 至图 26 所示。

4. 起蜡工艺检验标准

合格的起蜡工艺是实现家具表面无划痕、无破损，花活根底干净利落，家具整体明亮、光洁、无浮蜡、无漏起处。

图 23　线脚起蜡方法

图 24　平面起蜡方法

图 25　花活起蜡方法（木签）

图 26　花活起蜡方法（砂纸）

二、压蜡

1. 压蜡概述

压蜡是指起蜡完成后，用蜡布卷在家具表面再整体擀一遍，将起蜡后的表面浮蜡压进木材管孔中。其主要目的是将横切面的木材管孔压实，同时将家具表面的蜡层擀均匀。压蜡相当于对家具表面进行抛光处理。

2. 压蜡工具

压蜡工具主要有蜡布、竹签、木签。蜡布是指压蜡用的棉布，多用于家具平面部件压蜡。蜡布的选择也是压蜡工序中的关键，要选择软硬适中的棉布，既不能因棉布过硬在家具表面蜡层留下压蜡痕迹，又不能因棉布过软导致压蜡过程中棉布掉毛或拉丝，影响压蜡效果。下页图 27 所示为用蜡布做成的蜡布卷。

竹签、木签用于花活部位压蜡，其形状与尖口蜡起子无异，使用时一般在竹签或木签外包一层蜡布再进行操作。

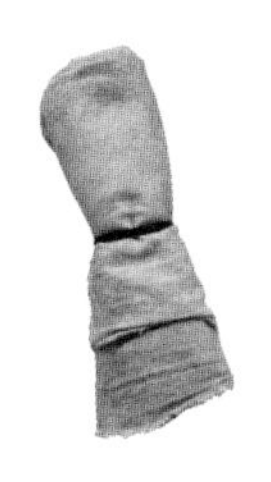

图 27　蜡布卷

3. 压蜡原则

压蜡是起蜡抛光中最关键的一步，直接决定着家具表面蜡层最终装饰效果。在进行压蜡操作时，需要注意压蜡时长和压蜡操作方法。

压蜡时长是指起蜡完成后，从用热风枪整体烘烤家具表面结束到用蜡布卷压蜡之间的时间间隔。需要注意的是，即使起蜡完成后没有用热风枪整体烘烤家具表面，也不能立即进行压蜡操作。因为在起蜡过程中，蜡起子尤其是铲刀会与家具表面摩擦生热，导致进入木材管孔中的混合蜡的柔软度提高，此时如用蜡布卷进行压蜡操作，极易将管孔中的混合蜡粘连出来。但压蜡与起蜡不同，压蜡时长应相对较短一些。

此外，压蜡时需将蜡布卷实，顺木材纹理方向，用力反复摩擦，保证让混合蜡进入木材的棕眼中。对于花活处，应用蜡布裹住竹签或木签，按顺序反复擦拭。这就涉及压蜡的具体操作方法。理论上讲，压蜡次数越多，家具表面光洁度越高。但事实上，压蜡的最终效果与压蜡次数多少不成正比。压蜡讲究的是干磨硬亮，其最终效果更多取决于压蜡的速度与力度。

压蜡速度指的是用蜡布卷擦拭家具表面的速度。在压蜡过程中，速度不宜太慢，需尽量保证快速均匀地擦拭，且不宜多次往复。压蜡力度的掌控也是压蜡操作的关键，在操作过程中要保证力度适中。如用力过大，会增加蜡布与家具表面的摩擦力，在反复擦拭过程中极易将木材管孔中的蜡粘连出来，从而影响家具表面蜡层的均匀度和光泽度。压蜡方法如图 28、图 29 所示。

图 28　平面压蜡方法

图 29　花活压蜡方法

4. 压蜡工艺检验标准

压蜡工艺检验的标准主要分三个方面：一是家具表面的棕眼要用混合蜡填实；二是家具表面整体无划痕；三是家具表面的蜡层均匀统一。

三、抖蜡

1. 抖蜡概述

抖蜡是指在压蜡工序结束后，用板刷或棕刷对家具表面进行整体清理，是整个水磨、烫蜡工艺中的最后一道工序。其主要目的是清除家具表面的残留浮蜡，保证最终饰面效果。

2. 抖蜡工具

抖蜡的工具有板刷和棕刷。

3. 抖蜡原则

进行抖蜡操作时，首先需遵循从上到下、由内到外的操作顺序。其操作原则与起蜡相似，需注意抖蜡的力度和角度。抖蜡的角度即板刷或棕刷与家具表面的角度以 45° 左右为宜。切忌板刷或棕刷垂直于家具表面操作，否则会破坏家具表面的蜡层，影响其光泽度。同时需注意抖蜡的力度，避免力度过大将木材棕眼中已经压实的蜡抖出来。抖蜡方法如图 30 所示。

图 30　抖蜡方法

4. 抖蜡工艺检验标准

合格的抖蜡工艺要实现家具表面光洁、明亮、手感温润、无棕眼、无浮蜡、无铲痕、无刷痕。

第五讲

水磨、烫蜡质量检验

经过基材处理、调蜡、熔蜡、布蜡、烫蜡、起蜡、压蜡、抖蜡多道工序，进入家具表面水磨、烫蜡工艺质量检验阶段。质量检验可以说是产品入库出厂前的最后一道保障，直接关系到家具最终品相的好与坏，以及生产企业的品牌声誉。

此时的质量检验是针对家具产品水磨、烫蜡工艺的全过程，对每一道工序的完成情况进行质量检验，具体的检验标准有以下五个方面。

一是家具表面光滑温润、无划痕、无嘟噜状。

二是家具整体烫蜡效果统一，蜡层薄厚均匀且有一定透明度，可展现木材优美的自然纹理。边角线型及花活处没有烤煳、变色的现象。

三是家具表面无棕眼、无浮蜡、无余蜡，且最终的表面质量达到干磨硬亮的效果。

四是雕刻部分保持花形完整、对称一致，线条均匀流畅、不走形。

五是家具各部件的内、外表面烫蜡的质量一致，且圆润光滑、无毛刺。

后 记

京作硬木家具制作技艺是在明、清宫廷家具发展过程中逐渐形成的，融合了广作、苏作的艺术特点，依据宫廷需求形成的家具制作技艺。2008 年，文化部评定龙顺成“京作硬木家具制作技艺”入选“国家级非物质文化遗产名录”。京作硬木家具作为这项非遗技艺的物质载体，以其型、艺、韵、工、材五个方面皆达到一定水准为上，可称为艺术品，具有一定的艺术价值、使用价值、研究价值、教育价值、情感价值和经济价值。

1862 年，宫廷造办处匠人王永顺在北京鲁班胡同设立龙顺桌椅铺，1956 年龙顺成与兴隆木厂、广兴桌椅铺等 35 家其他造办处匠人的商号公私合营，成立龙顺成木器厂（北京市硬木家具厂），由此龙顺成汇集了造办处的全部京作硬木家具制作技艺。如今，龙顺成作为老字号品牌，已经有160多年的历史。百年传承、匠心铸就。160多年来，一代代龙顺成人不忘初心和使命，将京作硬木家具制作技艺薪火相传。作为龙顺成京作硬木家具制作技艺第五代传承人，我倍感荣幸，也深知非遗技艺传承发展之责任重大。

在本书中，我详细介绍了京作硬木家具制作技艺中水磨、烫蜡这两道关键工序的操作过程和科学原理。希望通过本书的出版，让更多的普通人了解这项非遗技艺，能够为从事中国传统家具研学的学者提供一些参考，为京作硬木家具制作技艺的发扬和传承尽一份绵薄之力。

刘更生

2023年5月

图书在版编目（CIP）数据

刘更生工作法：京作硬木家具制作水磨、烫蜡技艺 /刘更生著. 一北京：

中国工人出版社，2023.7

ISBN 978-7-5008-8222-0

Ⅰ. ①刘… Ⅱ. ①刘… Ⅲ. ①木家具－生产工艺－介绍－北京 Ⅳ. ①TS664.105

中国国家版本馆CIP数据核字（2023）第125246号

刘更生工作法：京作硬木家具制作水磨、烫蜡技艺

出 版 人　董　宽
责任编辑　习艳群
责任校对　张　彦
责任印制　栾征宇
出版发行　中国工人出版社
地　　址　北京市东城区鼓楼外大街45号　邮编：100120
网　　址　http://www.wp-china.com
电　　话　（010）62005043（总编室）
　　　　　（010）62005039（印制管理中心）
　　　　　（010）62046408（职工教育分社）
发行热线　（010）82029051　62383056
经　　销　各地书店
印　　刷　北京美图印务有限公司
开　　本　787毫米×1092毫米　1/32
印　　张　2.5
字　　数　35千字
版　　次　2023年8月第1版　2023年8月第1次印刷
定　　价　28.00元